NOUVELLES

ÉTUDES ET CAUSERIES

SUR DIVERSES

QUESTIONS AGRICOLES

PUBLIÉES DANS LE *COURRIER DES ALPES*

PAR

Charles ALLIER,

Sous-directeur de la Ferme-École de Berthaud,
Membre de la Commission départementale du Phylloxera des Hautes-Alpes,
de la Société des Agriculteurs de France
et de la Société d'Agriculture des Hautes-Alpes.

GRENOBLE

F. ALLIER PÈRE & FILS, IMPRIMEURS
Grande-Rue, 8, cour de Chaulnes.

1880

NOUVELLES

ÉTUDES ET CAUSERIES

SUR DIVERSES

QUESTIONS AGRICOLES

PUBLIÉES DANS LE *COURRIER DES ALPES*

PAR

Charles ALLIER,

Sous-directeur de la Ferme-École de Berthaud,
Membre de la Commission départementale du Phylloxera des Hautes-Alpes,
de la Société des Agriculteurs de France
et de la Société d'Agriculture des Hautes-Alpes.

GRENOBLE
IMPRIMERIE F. ALLIER PÈRE ET FILS
Grande-Rue, 8, cour de Chaulnes.

1880

ÉTUDES SUR L'ESPÈCE BOVINE

Publiées dans le *Courrier des Alpes* du 15 novembre 1878 au 2 janvier 1879.

DU CHOIX DES ANIMAUX DE L'ESPÈCE BOVINE

EN VUE DE LA PRODUCTION DU LAIT.

Lorsque, dans une industrie quelconque, un fabricant fait l'acquisition d'une machine, il cherche naturellement celle qu'il croit devoir, avec le moins de frais possible, lui fournir la plus grande quantité et la meilleure qualité de travail.

Il n'en est pas autrement dans l'industrie laitière. Le cultivateur doit considérer les vaches, génisses, taureaux, comme de véritables machines, et il doit savoir choisir ceux de ces animaux qui semblent présenter le plus d'aptitude à la production du lait.

Ce sont les caractères qui permettent de reconnaître cette aptitude spéciale, que nous nous proposons d'étudier ici, d'après ce qu'ont écrit, sur cette question, les agronomes et les praticiens les plus distingués.

Quand on choisit un animal de l'espèce bovine en vue de la production du lait, il importe d'examiner avec la plus sérieuse attention : 1° *la conformation générale ; 2° les organes de sécrétion du lait ; 3° l'écusson ; 4° la race.*

CONFORMATION GÉNÉRALE. — La conformation générale n'offre pas d'indices absolument certains. Telle vache qui paraîtra admirablement conformée, sera pourtant mauvaise laitière ; telle autre, au contraire, que l'examen aura fait rejeter, sera excellente. Voici toutefois les caractères généraux que présentent les bonnes laitières :

La *tête* petite, fine, carrée ;

Les *yeux* à fleur de tête, vifs et doux ;

Les *cornes* courtes, minces et lisses ;

Les *oreilles* bien plantées, fortement velues à l'intérieur ;

L'*encolure* plutôt grêle que forte ;

Le *poitrail* et toute l'*avant-main* plutôt étroits que larges ;

Le *dos* horizontal et droit ;

Les *hanches* et toute l'*arrière-main* larges et bien développées. (Cette conformation est particulièrement importante, parce qu'elle favorise non-seulement la lactation, mais aussi la gestation) ;

Le *ventre* assez volumineux : il indique que l'animal se nourrit bien ;

La *charpente osseuse* légère ; ce que l'on reconnaît à la gracilité de canons ;

La *peau* souple, moelleuse, bien détachée ;

Le *poil* fin et luisant ;

Enfin la bonne laitière est plutôt *maigre* que *grasse*, la formation de la graisse nuisant à celle du lait.

La conformation générale du taureau n'a aucune influence sur les qualités lactifères des vaches qui proviennent de lui. On doit cependant s'attacher à le choisir vigoureux et bien conformé : la *tête* courte et carrée, les *cornes* courtes et de moyenne grosseur, les *yeux* gros et saillants, les *oreilles* larges et velues, l'*encolure* épaisse et courte, la *poitrine* large et profonde, le *dos* droit, la *côte* arrondie et relevée, les *reins* et le *flanc* courts, le *ventre* peu volumineux, la *croupe*, les *cuisses* et toute l'*arrière-main* larges et biens musclées, les *membres* forts et bien musclés, les *organes de reproduction* fortement développés.

Nous verrons plus loin que, dans le choix du mâle, l'examen doit principalement porter sur l'*écusson*.

ORGANES DE SÉCRÉTION. — Après avoir jeté un coup d'œil sur la conformation générale, on doit surtout s'attacher, pour les vaches adultes, à l'examen des organes de sécrétion du lait.

Constitué intérieurement par les glandes mammaires dont les cœcums se déversent dans quatre réservoirs indépendants, correspondant aux quatre trayons, le *pis*, lorsqu'il est plein de lait, doit être dur, arrondi, volumineux, s'étendant loin sous le ventre et en arrière des cuisses. Vide, il doit être flasque et pendant. On rencontre quelquefois des pis *charnus*, qui présentent le même volume après qu'avant la traite. Un pis semblable dénote toujours une mauvaise laitière, parce que les réservoirs du lait n'ont qu'une capacité restreinte.

Les poils qui couvrent le pis doivent être rares, fins, doux au toucher. De longs poils ou des poils courts mais rudes et épais constituent un très mauvais indice.

Il est prudent de vérifier si une partie du pis n'est pas atrophiée, et s'il ne présente pas à l'intérieur des indurations ou des abcès.

Les quatre trayons doivent être volumineux, bien placés, régulièrement espacés, égaux entre eux, exempts de verrues ou de crevasses qui rendraient la traite difficile. Il faut s'assurer qu'ils donnent tous quatre du lait de bonne qualité, non mélangé à du pus ou à du sang.

Chez quelques vaches on trouve, en arrière des autres, deux ou quatre petits trayons rudimentaires. C'est généralement un bon signe.

Il est une ruse qu'emploient assez souvent le marchands pour faire paraître le pis plus volumineux

Avant de conduire une vache au marché, ils la laissent vingt-quatre heures et plus sans la traire. On s'aperçoit très facilement de cette supercherie à l'inquiétude, aux piétinements de l'animal, à la douleur qu'il manifeste quand on touche le pis, et parfois au lait qui s'échappe spontanément des trayons.

Lorsqu'on a examiné le pis, l'attention doit se porter sur les veines qui aboutissent à cet organe. Il est évident que plus les veines sont grosses, plus il passe de sang dans les glandes mammaires et plus abondante est la sécrétion du lait.

Les plus importants de ces vaisseaux sont les deux *veines mammaires abdominales*. Partant du pis, elles serpentent sous le ventre et vont se perdre près du sternum, chacune dans une cavité qu'on a nommée : *source du lait, fontaine, porte du lait de dessous.*

Chez les bonnes laitières qui ont déjà vélé plusieurs fois, les veines mammaires sont très grosses, ondulées, noueuses, et on les suit facilement avec les doigts. Quelquefois elles se bifurquent à une certaine distance, et ont chacune deux sources ; d'autres fois il part de chaque côté deux veines qui se réunissent un peu avant la source. On peut considérer comme de bons indices l'une et l'autre de ces particularités.

Les sources doivent être larges et profondes ; on doit pouvoir y introduire le bout du doigt.

Bien qu'elles présentent moins d'importance, il est cependant utile de vérifier le volume des veines qui rampent sur le pis et qu'on peut voir, dans les vaches maigres, s'étendre en arrière, le long du périnée, jusque vers la vulve.

Quant à la cavité qu'on remarque entre la dernière vertèbre dorsale et la première vertèbre lombaire, cavité dans laquelle passe une veine, et qu'on nomme *fontaine, porte du lait de dessus*, il est bien reconnu aujourd'hui qu'elle n'a aucune importance.

Les indices que nous venons d'énumérer ne s'appliquent qu'aux vaches adultes ayant déjà vélé. Chez les génisses, le pis et les trayons sont toujours peu volumineux, les veines mammaires se distinguent à peine et on n'aperçoit pas encore les veines du périnée. Le choix de ces animaux doit être subordonné à l'examen de l'écusson.

ÉCUSSON. — On doit à un agriculteur de Libourne, M. F. Guénon, l'invention d'une méthode au moyen de laquelle on peut reconnaître les qualités laitières d'un animal au simple examen de l'écusson.

Cette méthode, comme tout ce qui est nouveau, fut dès le début vivement discutée et critiquée. Tandis que, dans le monde des savants et des praticiens, elle rencontrait des partisans convaincus, parmi lesquels on peut citer MM. Yvart, Delafond, Huzard, Lecoq, elle trouvait aussi de nombreux contempteurs ; nous n'en citerons que deux des plus illustres, MM. Villeroy et Baudement. Aujourd'hui, ceux-là même qui n'admettent pas le système dans tous ses détails, s'accordent généralement à reconnaître la justesse des principes sur lesquels il repose.

L'*écusson* est une plaque de poils remontants opposés à la direction du reste des poils. Il a son centre au milieu du pis, entre les quatre trayons, et s'étend d'un côté sous le ventre, de l'autre sur la face postérieure des cuisses et sur la région périnéenne, entre le pis et la vulve. C'est cette partie postérieure de l'écusson qu'il importe surtout d'examiner. Pour la voir dans tout son développement, on se place à quelques pas derrière la vache, que l'on fait marcher. On la voit encore mieux lorsque l'animal se campe pour uriner.

L'écusson peut, selon les animaux, affecter des formes et des dimensions très diverses. Parfois il s'étend jusqu'à la vulve, qu'il embrasse; d'autres fois, il s'arrête à une certaine distance de cet organe.

A l'examen de l'écusson se rattache celui des *épis*, bouquets de poils situés sur l'étendue ou dans le voisinage de l'écusson et présentant une direction opposée à celle des poils qui les entourent.

D'après la forme de l'écusson, Guénon divise les vaches en dix classes, qu'il désigne par des noms presque tous empruntés à la configuration même de l'écusson. Chaque classe est subdivisée par lui en six ordres, suivant la dimension de l'écusson et la nature des épis, plus un ordre hors classe comprenant les *bâtardes*, c'est-à-dire les vaches qui perdent leur lait dès le début de la gestation.

Pour chaque ordre de chaque classe, l'inventeur assigne la quantité et la durée du lait, toutefois d'après la taille (haute, moyenne, basse).

Nous ne nous proposons pas de le suivre dans tous les développements de sa méthode. Notre tâche est plus modeste : résumer et vulgariser. Nous nous bornerons donc à indiquer les principes généraux sur lesquels repose le système, renvoyant ceux de nos lecteurs qui désireraient plus de détails à l'ouvrage publié par Guénon lui-même : *Traité des vaches laitières*, imprimerie nationale, 1851 ; traité que l'on trouve dans les principales librairies agricoles.

Dans toutes les classes, dans toutes les races, une vache est d'autant meilleure laitière que son écusson est plus grand et le poil qui le constitue plus fin et plus fourré, quelle que soit du reste la forme de cet écusson.

Lorsque la peau de l'écusson est jaunâtre et qu'on en détache avec l'ongle des pellicules onctueuses et grasses, on peut être assuré que la vache donne un lait gras et butyreux, surtout si ce signe se retrouve dans les oreilles et au toupillon.

Les vaches qui ont un écusson de petite dimension donnent toujours peu de lait. Lorsque la peau de l'écusson est blanche, nette, couverte d'un poil rare et long, le lait est maigre et séreux.

Les épis peuvent, du reste, modifier les indices fournis par l'écusson. Guénon en distingue sept sortes : les uns, à poils *descendants*, sont situés sur l'écusson ; les autres, à poils *montants*, sont situés dans son voisinage.

Trois seulement de ces épis constituent des indices favorables à la lactation.

L'*épi ovale* se rencontre sur l'écusson, de chaque côté de la partie postérieure du pis, un peu au-dessus et vis-à-vis des deux trayons de derrière ; tantôt il y en a deux, tantôt un seul. Cet épi, lorsqu'il est régulièrement ovale, petit et formé d'un poil fin, annonce un lait de qualité supérieure ; volumineux, irrégulier et formé d'un poil long et grossier, il indique une qualité inférieure

L'*épi fessard*, à poils montants, se rencontre en dehors de l'écusson, sur les fesses, à droite et à gauche de la vulve, quelquefois d'un seul côté. Lorsqu'il ne dépasse pas cinq à sept centimètres de longueur sur un centimètre de largeur et qu'il est formé d'un poil fin et soyeux, il indique que l'animal conserve son lait pendant la gestation. Plus grand, surtout plus large et garni de poils rudes et longs, il constitue au contraire un très mauvais indice.

L'*épi jonctif*, à poils montants, qu'on ne trouve que dans les classes où l'écusson ne s'étend pas jusqu'à la vulve, a la forme d'une flèche dont la pointe, dirigée en bas, commence à dix centimètres environ de l'écusson et va rejoindre la vulve, à laquelle il adhère par une ligne verticale qui longe la jonction des deux fesses. Sa plus grande largeur est d'environ deux centimètres. Cet épi annonce la quantité et la durée du lait.

Tous les autres épis sans exception, qu'ils soient situés sur l'écusson ou dans son voisinage, peuvent être considérés comme de mauvais signes.

Le grand avantage de la méthode Guénon est de pouvoir déterminer les qualités laitières d'une vache à tous les âges. Dans les velles d'un mois et demi ou deux mois, l'écusson est parfaitement distinct, et on peut dès cet âge choisir pour les élever ceux de ces animaux présentant les caractères requis, avec la certitude d'obtenir d'excellentes vaches laitières. Lorsqu'on n'a pas recours à ce système, il est impossible d'asseoir son jugement sur des bases certaines ; le plus souvent on envoie à la boucherie des animaux qui auraient donné beaucoup de lait, et on en conserve qui ne donneront jamais qu'un produit peu abondant. De là les plus graves mécomptes.

Dans le choix des taureaux et des jeunes mâles qu'on élève pour la monte, on doit également s'attacher à l'examen de l'écusson. Personne ne peut contester l'influence qu'exercent sur le produit de l'accouplement les qualités ou les défauts du mâle. Or, chez le taureau, l'écusson, bien que moins développé que chez la vache, peut présenter les mêmes diversités de dimension et de forme. On devra donc rechercher, dans le mâle aussi bien que dans la femelle, un écusson de grande surface, couvert d'un poil fin, soyeux et serré, sans interruptions et sans épis ; la peau devra en être jaune et couvertes de ces pellicules grasses dont il a déjà été parlé.

Race. — Tous nos lecteurs savent qu'il existe des races perfectionnées, dans lesquelles presque toutes les vaches réunissent les indices que nous avons précédemment énumérés, et possèdent au plus haut degré les qualités lactifères.

Ils n'ignorent pas non plus que les animaux de l'espèce bovine, mélange de croisements de toutes sortes, qui peuplent nos montagnes, laissent beaucoup à désirer sous bien des rapports, principalement sous celui de la production du lait. Il est rare de rencontrer sur nos foires une vache présentant tous les signes d'une bonne laitière, et fournissant, après le vélage, plus de cinq à six litres de lait par jour.

De cet état de choses ressort une impérieuse nécessité, qui s'impose à tous les agriculteurs intelligents, soucieux de leur propre intérêt et de l'intérêt général : ou bien introduire dans nos montagnes une race nouvelle, supérieure à la nôtre ; ou bien perfectionner cette dernière.

L'introduction d'une race nouvelle, dans un pays comme le nôtre, est une question bien délicate et présente les plus grandes difficultés. Pour qu'une race puisse être tranplantée dans une région, il faut, en effet, qu'elle y rencontre un climat, un régime, une alimentation analogues à ceux dont elle jouissait dans son pays d'origine. Est-il nécessaire de dire que l'on trouve peu de contrées présentant des conditions aussi exceptionnellement défavorables que notre département ?

Il y aurait évidemment folie à vouloir introduire chez nous les grandes races laitières du nord-ouest : Anglaise, Hollandaise, Flamande, Normande, etc., chez lesquelles le rendement atteint jusqu'à 25 et 30 litres de lait par jour. Vivant sous un climat que le voisinage de l'Océan rend humide et doux, accoutumés à une alimentation abondante et riche, ces animaux ne pourraient jamais s'accommoder de nos hivers rigoureux, de nos étés secs et brûlants et des maigres pâturages de nos montagnes. Nous pourrions peut-être les faire vivre au régime de la stabulation permanente, si la création de nombreux canaux d'arrosage et le perfectionnement de la culture nous permettaient de produire en grande abondance les fourrages artificiels et les plantes-racines. Mais nous ne pourrions jamais en espérer les produits qu'ils donnent dans leur pays d'origine, à cause de la différence de climat, et nos hivers rigoureux pourraient avoir sur eux de fatales influences.

Les races de Schwytz, de Fribourg, de Lucerne, etc., réussiraient peut-être mieux chez nous, bien que les forêts, les lacs et les nombreux cours d'eaux de la Suisse procurent à cette contrée un climat plus humide que le nôtre. Mais la manière de nourrir les vaches en Suisse diffère essentiellement de la méthode suivie chez nous. Depuis longtemps nos voisins ont compris que la quantité et la qualité du produit dépend de l'abondance et du choix des aliments, et ils agissent en conséquence. Si les vaches suisses sont bonnes laitières, elles sont en général délicates et grosses mangeuses. Nous ne pourrons dans tous les cas espérer les naturaliser chez nous que le jour où les ressources du sol nous permettront de les traiter aussi bien qu'on les traite dans leur pays.

Nous pourrions successivement examiner les principales races réputées bonnes laitières ; il ne nous serait pas difficile de démontrer que les conditions climatériques et autres rendent impossible leur introduction dans notre département.

Une seule race, issue d'un pays montagneux et pauvre comme le nôtre, race véritablement pure et très bonne laitière, paraît pouvoir être introduite chez nous avec quelques chances de succès. Ceux de nos lecteurs à qui ces questions sont familières comprennen. déjà que nous voulons parler de la race savoyarde, *Tarentaise* ou *Tarine*.

Cette race, petite, sobre, rustique et robuste, fournissant d'excellents bœufs de travail et de très bonnes laitières (relativement à leur taille : 8 à 12 litres de lait par jour pendant les six premiers mois) ; cette race a été, depuis une quinzaine d'années, fortement recommandée par tous les hommes compétents, entre autres par M. Halna du Fretay, inspecteur général d'agriculture, qui cherche de tout son pouvoir à la propager dans sa région. Déjà répandue dans la plus grande partie du Midi, elle mériterait d'être sérieusement expérimentée chez nous. Nous savons que quelques-uns de nos agriculteurs les plus éclairés possèdent depuis plusieurs années quelques animaux de cette race ; ne serait-il pas à désirer qu'ils trouvassent de nombreux imitateurs, et que d'un grand nombre d'expériences tentées simultanément sur plusieurs points du département, on pût déduire une certitude positive ou négative ? En cas de réussite, il appartiendrait à l'administration d'encourager la propagation d'une race appelée à transformer la fortune agricole d'une partie du département.

M. Victor Borie a été un des premiers à parler de la race tarentaise dans son magnifique ouvrage : *Les Animaux de la ferme*. L'an dernier, M. Ad. Bénion publia une remarquable étude sur cette race. Voici comment il en décrit les caractères :

« Crâne large et court, protubérance occipito-fron-
« tale à sommet un peu saillant ; cheville osseuse
« courte et forte, implantée haut, oblique sur le côté
« et en bas, et courbée en avant près de la base ;
« front bombé, arcades orbitaires effacées, face
« courte, chanfrein droit, maxillaire inférieur fort.

« Taille moyenne, corps ramassé, charpente os-
« seuse assez forte, yeux saillants et doux, nez droit
« et court, poitrine ample et arrondie, épaule mus-

« clée, garrot épais, reins larges, hanches écartées, « queue haute, cuisses musclées, membres d'aplomb, « mamelles bien conformées, carrées et séparées, « quantité de lait bien supérieure au volume du pis.

« Pelage froment gris ou blaireau plus ou moins « foncé, et devenant parfois gris-noirâtre sur l'en- « colure, les épaules et la partie inférieure du « corps. » (On préfère, pour la reproduction, les animaux à robe froment gris). « Le bout des cornes, « les paupières, le nez, le bas du scrotum chez le « taureau, l'anus et la vulve ou une partie de cette « région chez la vache, le bout de la queue et les « sabots sont noirs. »

Lorsqu'on veut se procurer des vaches ou des taureaux tarentais de qualité supérieure, il est indispensable d'aller les chercher dans le pays même, sur les foires de Bourg-Saint-Maurice, Aime, Montmélian, Moûtiers, Saint-Jean-de-Maurienne, ou mieux encore dans les étables et les pâturages des principaux éleveurs. Les marchands amènent quelquefois des vaches tarines sur nos foires ; mais ce sont généralement des bêtes de rebut, participant très peu aux qualités de la race.

Le prix de ces animaux est relativement élevé. Une vache d'élite se paie jusqu'à 500 et 600 fr. Il y a là certainement de quoi faire hésiter la routine ; il n'y a pas de quoi effrayer le cultivateur intelligent qui sait raisonner. En effet, si une vache de 600 fr. donne pendant sept mois cinq litres de lait par jour de plus qu'une vache de 300 fr., après cinq ans, la première aura produit 5,250 litres et, en évaluant le prix du litre à quinze centimes, 787 fr. 50 de bénéfice de plus que la seconde. La différence de prix disparaît au bout de deux ans, puisque les 300 fr. qui la constituent se trouvent placés à plus du 50 pour cent.

Le régime auquel sont habitués dans leur pays les animaux de la race tarine doit rendre facile leur acclimatation chez nous. Pendant six mois de l'année ils vivent en plein air dans les pâturages élevés des montagnes ; pendant les six autres mois ils sont nourris à l'étable avec de la paille, un peu de foin, ce que nous appelons de la *mêlée*, et un peu de sel ; jamais de grains, ni de racines, ni de tubercules.

Une seule circonstance pourrait peut-être mettre un obstacle à la parfaite réussite de cette race dans notre pays : la différence de climat Les hivers de la Savoie sont en effet aussi rigoureux que les nôtres, mais les étés y sont moins chauds et surtout plus humides que chez nous.

Dans tous les cas il est évident que, si la race tarentaise ne réussit pas chez nous, il serait tout-à-fait inutile d'expérimenter d'autres races. Il faudrait alors se tourner d'un autre côté et chercher à améliorer notre race *par elle-même.*

L'introduction d'une race nouvelle permet, il est vrai, lorsqu'elle réussit, d'obtenir des résultats immédiats ; mais elle nécessite des avances considérables, avances qui, en cas d'insuccès, se trouvent en partie ou totalement perdues.

L'amélioration d'une race par *elle-même* demande au contraire du temps pour produire un résultat ; mais du moins ce résultat n'est pas douteux ; l'opération se fait sans grande dépense et n'exige que de l'habileté, du tact et de la persévérance.

Si nous avons souligné les mots *par elle-même*, c'est que nous sommes peu partisan de l'amélioration par *croisements*. Il est bien difficile, presque impossible, d'obtenir par ce système une nouvelle race bien déterminée et *constante*, c'est-à-dire pouvant se multiplier par elle-même sans rétrograder, en conservant indéfiniment ses caractères et ses qualités. Dans tous les cas, pour arriver à un résultat douteux, il faut pendant de longues années avoir recours à des mâles de race pure, dont l'acquisition et l'acclimatation présentent les mêmes inconvénients que l'introduction d'une race étrangère, et très souvent, presque toujours, au lieu de *métis*, on obtient ainsi des animaux de la même race que le mâle. L'opération est alors plus longue et plus coûteuse que l'introduction directe de la race, et le résultat est le même.

L'amélioration d'une race par elle-même peut s'effectuer par *consanguinité* et par *sélection*.

La multiplication par consanguinité que les Anglais nomment multiplication *en dedans (in and in)*, est la méthode par laquelle le célèbre éleveur Bakewel a perfectionné la race bovine qui lui doit son nom. Elle consiste à accoupler entre eux les membres d'une même famille du degré de parenté le plus rapproché ; les frères avec les sœurs, les pères et mères avec leurs produits.

Avec ce système judicieusement appliqué, on arrive assez vite à fixer et à rendre constante une race déjà améliorée. Mais, si on le pousse trop loin, on finit très souvent par appauvrir la race et n'obtenir que des individus qui conservent, il est vrai, les caractères et les qualités de la race, mais dont la constitution devient chétive, et qui bientôt sont hors d'état de se reproduire

D'après M. Bénion, les éleveurs de la tarentaise emploient avec succès la reproduction par consanguinité, pour maintenir la pureté de leur race et la perfectionner. On ne pourrait employer avantageusement cette méthode chez nous qu'après avoir tout d'abord amélioré ou, pour être plus vrai, créé notre race bovine par le moyen de la sélection.

La *sélection* consiste à n'employer comme reproducteurs que des animaux de la race à perfectionner, choisis parmi les plus parfaits de cette race, et à donner à ces animaux dès leur bas âge une nourriture et des soins spéciaux. Il ne faut pas oublier en effet que *bien nourrir c'est déjà améliorer*.

Après quelques années de ce système rigoureusement appliqué, les résultats commencent à se faire sentir. Après une quinzaine de générations la race se trouve complétement changée et perfectionnée, et ne ressemble plus en rien à la race primitive. C'est alors qu'on peut la fixer en employant pendant quelques générations la reproduction par consanguinité.

Les éleveurs de notre pays pourraient, en s'inspirant de leurs connaissances techniques et tout spécialement du système Guénon, pratiquer la sélection avec fruit. S'attachant exclusivement (ceci est indispensable) à des animaux présentant des caractères identiques : taille, conformation robe, etc.; et choisissant toujours pour reproducteurs les plus parfaits de ces animaux, ils ne tarderaient pas à transformer la race des Hautes-Alpes, ou plutôt à créer une véritable race des Hautes-Alpes, réunissant les qualités lactifères et autres que nous sommes actuellement obligés de demander à des races étrangères à notre département.

CAUSERIES AGRICOLES

PUBLIÉES DANS LE *COURRIER DES ALPES.*

PREMIÈRE CAUSERIE

(24 avril 1879).

La loi sur l'enseignement agricole. — Un progrès à réaliser. — Importance du fumier. — La culture sans engrais.

Il y a deux ans, dans ces colonnes, en recherchant les causes de l'infériorité de notre agriculture, comparée à celle du reste de la France, nous exprimions le vœu qu'une chaire d'agriculture fût créée à l'école normale de Gap et que le département achetât ou affermât un domaine sur lequel les élèves-instituteurs pussent voir mettre en pratique les principes qu'on leur enseignerait.

Ce vœu va être en partie réalisé. Grâce à l'initiative d'un sénateur, l'honorable M. de Parieu, le Sénat et la Chambre des Députés ont déjà adopté en première lecture une loi créant une chaire d'agriculture dans chaque département et rendant l'enseignement agricole obligatoire dans les écoles primaires. Il est à peu près certain que cette loi sera définitivement votée et promulguée avant la fin de la session.

Le bien que fera cet enseignement dans notre pays est incalculable ; il déracinera peu à peu la routine tenace, les vieux préjugés, qui règnent encore en maîtres dans nos campagnes et mettent obstacle à tout progrès. Lorsque nos cultivateurs auront appris à raisonner leur art, lorsqu'on leur aura démontré d'une façon évidente qu'il ne dépend que d'eux d'augmenter considérablement leurs bénéfices, ce jour-là ils se mettront à l'œuvre, et, comme l'intelligence est ce qui leur manque le moins, notre agriculture atteindra rapidement, dépassera peut-être le niveau moyen de celle du reste de la France.

Mais, pour arriver là, que de progrès à réaliser ! Que de méthodes vicieuses à réformer ! Que de choses à apprendre !

Parmi les opérations culturales ayant besoin chez nous d'un sérieux perfectionnement, la *fertilisation du sol* en général, la *fabrication et l'utilisation du fumier de ferme* en particulier, doivent tout d'abord attirer l'attention. Ce sont ces questions dont nous comptons entretenir nos lecteurs dans cette causerie et dans quelques articles subséquents.

Dans notre pays, on travaille assez bien la terre, on ne sait pas l'engraisser. Tandis que les instruments aratoires et les labours laissent peu à désirer, il est extrêmement rare de voir fabriquer et utiliser convenablement les fumiers. Dans les neuf dixièmes des fermes, la confection des engrais, au lieu d'être une des principales préoccupations du cultivateur, est reléguée au dernier rang. Les fumiers sont amassés dans un coin des étables, ou sortis et déposés sans aucun soin au premier endroit venu. Il en résulte que les gaz utiles s'évaporent, les parties liquides s'écoulent en pure perte, les parties solides se dessèchent et moisissent, ou sont délavées par les pluies, et le fumier perd la moitié de sa valeur. L'engrais humain ou fécal, si efficace, si précieux, qui est une source de richesses dans les pays de culture avancée, cet engrais est complétement négligé ; on n'en recueille et on n'en utilise pas le quart.

Ils ne savent pas, nos agriculteurs, que deux kilogrammes de plus de fumier leur produirait un kilogramme de plus de blé, et qu'avec un peu moins de négligence ils pourraient doubler le revenu de leurs terres.

« *Applique-toi à avoir un grand tas de fumier* », a dit Caton, il y a deux mille ans ; « *on ne peut pas avoir trop de fumier dans une ferme, et il est bien rare qu'on en ait assez* », a écrit Mathieu de Dombasle ; « *double ton fumier, tu doubles ton champ* », dit Jacques Bujault. Nous pourrions multiplier les citations. Tous les agronomes, anciens ou modernes, insistent sur cette question, qui est en effet une des bases fondamentales de l'agriculture.

Quelques cultivateurs s'imaginent à tort pouvoir suppléer aux fumures par la jachère alternative, accompagnée de labours fréquents et profonds. Ils suivent, sans s'en douter, les errements d'une école qui eut un certain retentissement au siècle dernier, école qui avait pour chefs l'Anglais Jethro Tull et le Français Duhamel, et qu'a tenté de faire revivre de nos jours le docteur Smidt, propriétaire du domaine de Lois-Weedon. Ce système ne résiste pas au raisonnement et à l'expérience. S'il est possible d'en obtenir de bons résultats dans un sol fertilisé de longue date, tenant en réserve des masses considérables d'humus, ou bien encore dans un sol possédant d'une manière exceptionnelle, par des causes que nous n'avons pas à rechercher ici, la faculté de se fertiliser par l'atmosphère, il n'en est pas moins vrai que dans la grande majorité des cas cette méthode amène l'appauvrissement progressif du sol et enfin sa ruine à peu près complète.

DEUXIÈME CAUSERIE

(12 juin 1879).

Encore la culture sans engrais. — Les éléments qu'il faut absolument restituer au sol. — Quantités de ces éléments enlevées par quelques plantes. — Quantités apportées par l'atmosphère. — Balance. — Une théorie allemande. — Le fumier brûlé. — Une victoire française.

La culture sans engrais, avons-nous dit, même combinée avec la jachère, entraîne toujours l'appauvrissement du sol, presque toujours sa ruine. Ce fait que constate la pratique, le raisonnement le démontre mathématiquement.

Pour faciliter l'intelligence de ce qui va suivre, il est indispensable de rappeler quelques-uns des principes fondamentaux de l'agronomie moderne.

On est parvenu, par l'analyse chimique, à déterminer d'une façon précise quels sont les éléments constitutifs des plantes. Ces éléments au nombre de 14, les uns organiques, les autres minéraux, sont puisés par les plantes, partie dans l'atmosphère, partie dans le sol. Il n'y a pas à se préoccuper de ceux qu'elles puisent dans l'atmosphère. Il n'y a pas non plus à s'occuper d'une grande partie de ceux qu'elles puisent dans le terrain, parce qu'ils s'y renouvellent naturellement, ou s'y trouvent toujours en proportions suffisantes. *Quatre éléments seulement*, absorbés par quantités considérables, *doivent absolument être restitués au sol*. Ce sont : l'*azote*, le *phosphore*, le *potassium* (élément de la potasse) et le *calcium* (élément de la chaux). On peut ajouter, pour certaines cultures et pour certains terrains, le *sodium* (élément de la soude), et le *magnésium* (élément de la magnésie).

La restitution de l'azote, nécessaire dans tous les autres cas, peut être négligée dans la culture des plantes de la famille des légumineuses, ces végétaux tirant de l'atmosphère à peu près tout l'azote qui leur est nécessaire. (1)

La restitution du phosphore, à l'état d'acide phosphorique, est au contraire toujours indispensable. Elle le devient surtout dans la culture de certaines plantes, telles que le maïs et les raves.

Il en est de même pour la potasse, qu'il importe surtout d'ajouter au terrain dans la culture des légumineuses, de la pomme de terre, du lin, du maïs et de la vigne.

Quant à la chaux, on peut la négliger lorsque le terrain contient une assez forte proportion de calcaire.

Les plantes cultivées puisent ces principes dans le sol en proportions variables. Voici un tableau où se trouvent calculés, d'après les tables de Wolff, les éléments enlevés au terrain par quelques unes des principales récoltes. Nous admettons, avec M. Georges Ville, que les plantes, à part les légumineuses, tirent environ la moitié de leur azote de l'air.

Un hectolitre de blé, pesant 80 kil. et correspondant à 140 kil. de paille, enlève au sol 1 kil. 056 g. d'azote, 978 g. d'acide phosphorique, 1 kil. 126 g. de potasse, 412 gr. de chaux.

Un hectolitre de seigle, pesant 70 kil. et correspondant à 160 kil. de paille, enlève 808 gr. d'azote, 878 g. d'acide phosphorique, 1 k. 594 de potasse, 531 g. de chaux.

Un hectolitre d'orge, pesant 60 kil. et correspondant à 100 kil. de paille, enlève 720 g. d'azote, 622 g.

---

(1) Georges-Ville. — *Ecole des engrais chimiques.*

d'acide phosphorique, 1 k. 218 g. de potasse, 360 g. de chaux.

Un hectolitre d'avoine, pesant 50 kil. et correspondant à 80 kil. de paille, enlève 607 g. d'azote, 427 g. d'acide phosphorique, 986 g. de potasse, 338 g. de chaux.

Un hectolitre de maïs, pesant 70 kil. et correspondant à 180 kil. de tiges et feuilles, enlève 992 g. d'azote, 1 k. 65 g. d'acide phosphorique, 3 k. 219 g. de potasse, 921 g. de chaux.

100 kil. de pommes de terre enlèvent 160 g. d'azote, 180 g. d'acide phosphorique, 560 g. de potasse, 20 g. de chaux.

100 kil. de betteraves enlèvent 85 g. d'azote, 80 g. d'acide phosphorique, 430 g. de potasse, 40 g. de chaux, 120 g. de soude.

100 kil. foin sec de prairie naturelle enlèvent 655 g. d'azote, 410 g. d'acide phosphorique, 1 k. 710 g. de potasse, 770 g. de chaux, 470 g. de soude.

100 k. foin sec de trèfle enlèvent 560 g. d'acide phosphorique, 1 k. 950 gr. de potasse, 1 k. 920 g. de chaux.

100 kil. foin sec de luzerne enlèvent 510 g. d'acide phosphorique, 1 k. 520 de potasse, 2 k. 880 de chaux.

100 kil. foin sec de sainfoin enlèvent 470 g. d'acide phosphorique, 1 k. 790 g de potasse, 1 k. 460 g. de chaux.

Ceci étant dit, voyons si, par le système de la jachère, avec labours sans fumures, le sol peut se récupérer des substances enlevées par les récoltes

Il existe pour le sol deux sources de fertilisation naturelle : 1° l'ammoniaque et l'acide nitrique apportés par les eaux météoriques (pluies, neige, brouillards, rosées, etc.) ; 2° la nitrification au contact de l'air des débris organiques et des bases (chaux et potasse) contenus dans la couche arable.

M. Barral, actuellement secrétaire perpétuel de la Société nationale d'agriculture, publia en 1852 un mémoire sur les eaux météoriques qui fit sensation.

A la suite de nombreuses analyses il trouva que la pluie tombant à Paris pendant un an apportait sur le sol 21 kilogrammes d'azote par hectare (1). L'illustre M. Boussingault, une de nos gloires agricoles, se livra aux mêmes recherches, chez lui, en Alsace, mais ne trouva pas même la moitié des nombres indiqués par M. Barral (2). Après eux, plusieurs savants firent des expériences analogues et arrivèrent à des résultats variés, mais généralement plus faibles que ceux obtenus par M. Barral.

Néanmoins, en admettant que la pluie apportât dans le sol 10 kilogrammes seulement d'azote par hectare et par an, ce serait encore magnifique, puisque nous avons vu qu'un kilogramme d'azote suffit à la production d'un hectolitre de blé. Le terrain serait ainsi susceptible de produire annuellement 10 hectolitres de blé par hectare, ou, avec le système de la jachère, 20 hectolitres tous les deux ans. Et encore dans ce calcul nou ne comptons pas l'azote introduit dans le sol par les nitrifications naturelles, azote qu'on ne peut évaluer exactement, parce que la nitrification varie suivant la composition de la couche arable, sa richesse en débris organiques et la fréquence des labours (3).

Malheureusement ces données scientifiques tombent devant le raisonnement et la pratique. En effet, toute l'eau des pluies ne reste pas dans la couche arable ; une grande partie s'écoule à la surface et va se perdre dans les cours d'eau, ou bien s'infiltre dans les profondeurs du sous-sol, et l'azote qu'elle contient est perdu pour la culture. D'après notre expérience personnelle, basée non sur des analyses chimiques, mais sur l'observation de ce qui se passe dans notre pays, où la jachère et si universellement répandue, nous estimons que l'azote ajouté au terrain par les phénomènes atmosphériques et météo-

---

(1) Comptes-rendus de l'Académie des sciences, 1852-53.
(2) Boussingault. — *Agronomie*
(3) Dehérain. — *Chimie agricole.*

rologiques ne peut, sous notre climat et dans la généralité des sols, être évalué à plus de 4 à 5 kil. par hectare et par an.

De ce qui précède, on peut conclure que, si l'azote seul devait être restitué au terrain, la jachère suffirait *toujours* à une production de 10 hectolitres de blé par hectare tous les deux ans. Mais nous avons vu qu'il faut en outre rendre au sol certains principes minéraux : acide phosphorique, potasse, chaux ; or l'atmosphère n'apporte point, ou presque point de ces substances à la terre ; c'est du moins ce qui résulte des belles expériences de M. Barral (1). Relativement à ces éléments minéraux, le seul effet utile produit par la jachère, c'est, par l'oxydation du terrain, de provoquer des réactions chimiques qui les rendent plus solubles et plus assimilables (2).

Dans un sol naturellement riche en principes minéraux, ou bien fertilisé de longue date, la jachère suffira à entretenir une fertilité relative pendant un certain nombre d'années ; c'est ce qui se passe dans quelques cas exceptionnels. Mais, si on prend un terrain épuisé par une longue suite de récoltes sans restitution aucune, les plantes, ne trouvant à leur portée qu'une faible quantité d'azote et moins encore d'éléments minéraux, resteront chétives et stériles ; le terrain s'épuisera de plus en plus, et, si on n'y met ordre, deviendra tout-à-fait improductif.

L'atmosphère introduit donc dans le sol une certaine quantité d'azote ; d'un autre côté, les débris organiques constituant l'humus, débris dont la terre arable est toujours abondamment pourvue, en contiennent une assez forte proportion. Dans ces conditions, ne pourrait-on se dispenser de restituer par des engrais l'azote enlevé par les récoltes, et se borner à ajouter au terrain des principes minéraux ?

---

(1) Comptes-rendus de l'Académie des sciences, 1853, 1860.
(2) Dehérain. — *Chimie agricole.*

C'est à cette question que le célébre Liébig répondit affirmativement. Si l'expérience eût sanctionné sa théorie, l'agriculture lui aurait dû une magnifique conquête, puisque de tous les éléments qu'apportent les engrais dans le sol, l'azote est le plus cher.

Malheureusement les nombreuses expériences de Lawes et Gilbert en Angleterre, battirent en brèche cette belle utopie, et enfin celles de M. Boussingault, en France, achevèrent de la couler à fond.

Ce dernier raisonna ainsi : s'il est vrai, dit-il, que les principes minéraux des engrais sont seuls utiles, à quoi sert de transporter sur le terrain le fumier dans son état normal, ce qui revient très cher ? Ne vaudrait-il pas mieux le brûler tout d'abord, puis répandre dans le sol ses cendres qui représentent intégralement ses principes minéraux ? Il y aurait ainsi notable économie de main d'œuvre ! — Il prit en conséquence, dans un terrain appauvri par la culture, deux carrés d'un are chacun et les ensemença en avoine. L'un de ces carrés reçut 500 kil. de fumier normal ; l'autre reçut les cendres de 500 kil. de fumier. A la récolte le carré fumé produisit le 14 pour 1 ; le carré cendré produisit.... le 4 pour 1.

Par d'autres expériences, qu'il serait trop long de rapporter, M. Boussingault démontra encore que l'azote contenu dans la terre végétale est inerte, et qu'une très faible partie seulement de cet azote devient annuellement assimilable. La France avait à enregistrer une nouvelle victoire scientifique sur l'Allemagne. Hélas ! celle-ci nous attendait sur des champs de bataille plus sanglants !

TROISIÈME CAUSERIE

(10 juillet 1879).

Pertes résultant de la négligence apportée à la fabrication du fumier. — Gaz. — Purin. — Engrais fécal.

Nous prions le lecteur bienveillant, que nos précédentes causeries ont pu intéresser, de se souvenir de deux principes importants que nous croyons avoir suffisamment démontrés : 1° la culture sans engrais est impossible ; 2° un kilogramme d'azote, ajouté au terrain, avec des proportions à peu près égales d'acide phosphorique et de potasse, suffit, dans les conditions normales, à la production d'un hectolitre de blé.

Ceci étant admis, il est évident qu'un cultivateur a tout intérêt à fabriquer sur son domaine la plus grande quantité possible d'engrais. Nos agriculteurs sont-ils assez pénétrés de cette vérité ? Nous ne le croyons pas.

Comment, en effet, fabrique-t-on le fumier dans les neuf dixièmes de nos exploitations ? On le dépose sans aucune précaution dans le premier coin venu, et on ne le touche plus qu'au moment de l'employer. Comme il n'est ni tassé, ni abrité, l'air et la chaleur le pénètrent ; une partie se dessèche et moisit ; ce qui conserve quelque humidité fermente trop vite ; l'urée des urines se transforme immédiatement en carbonate d'ammoniaque, et ce sel si important, dont la présence est indispensable à la décomposition des litières, ce sel se volatilise rapidement, et l'ammoniaque, c'est-à-dire l'azote, s'évapore en pure perte.

D'un autre côté, le fumier reçoit non-seulement les eaux de pluie, mais souvent les égouts des toits, qui, après l'avoir délavé, et s'être emparées de ses principes solubles, vont s'écouler dans les ruisseaux, s'infiltrer dans le sol de la cour. La masse d'engrais liquide ainsi formée est entièrement perdue pour l'agriculture.

M. de Gasparin estime qu'un fumier ainsi traité perd la moitié de son volume et 65 p. % de sa valeur.

Assurément les cultivateurs ne se rendent pas un compte exact de la perte qu'ils éprouvent aussi bénévolement par pure négligence. C'est à leur faire toucher du doigt cette perte que nous allons nous appliquer, nous réservant d'étudier ultérieurement les moyens de l'éviter.

Les pertes subies par le fumier mal fabriqué sont de deux sortes : en gaz et en liquide.

Il est assez difficile de déterminer d'une manière exacte la déperdition en azote résultant de l'évaporation de l'ammoniaque, cette évaporation pouvant varier suivant les climats, les saisons et les circonstances météoriques. M. Jamet, et avec lui M. Malaguti, estiment qu'en mélangeant 20 litres de plâtre à 1,000 kilog. de fumier, on fixe assez d'azote pour augmenter leur valeur de 2 fr. 50 c. Sans vouloir discuter ici l'efficacité du plâtre comme moyen de fixation, moyen qui a ses partisans et ses détracteurs, nous nous bornerons à constater que 2 fr. étant le prix moyen du kilogramme d'azote, et le fumier normal contenant environ 5 pour 1,000 d'azote, on pourrait en conclure, d'après les auteurs précités, que l'évaporation empêchée par le plâtre serait de 1 kilog. d'azote pour 1,000 kilog. de fumier, soit *un cinquième* de l'azote total.

Quant à la perte résultant de l'écoulement du purin, il est plus facile de l'évaluer.

Supposons une ferme de moyenne importance, dont le cheptel vivant serait de 4 vaches du poids moyen de 300 kilog. l'une, de 2 chevaux de 500 kilog. et de 2 porcs de 100 kilog., en tout 2,300 kilog.

Une tête de bétail convenablement pourvue de fourrage et de litière rend environ vingt-cinq fois son poids de fumier par an ; la production en fumier frais s'élève donc dans cette ferme à 58,000 kilog.

Nous avons pu constater, après M. Mathieu de Dombasle, que 100 kilog. de fumier non abrité, exposé à la pluie, produisent environ 50 kilog. de purin ; 58,000 kilog. de fumier produisent par conséquent 29,000 kilog. de purin, dosant, d'après les tables de Volff, 43 kilog. d'azote, 3 kilog. d'acide phosphorique et 142 kilog. de potasse. *En laissant perdre cette masse d'engrais liquide, le cultivateur a donc perdu l'azote suffisant à la production de 43 hectolitres de blé.*

Et qu'on le remarque bien, les substances ainsi sacrifiées sont les meilleures du fumier. Tandis que dans le fumier solide un cinquième à peine de l'azote total est immédiatement soluble et assimilable, dans le purin l'azote se trouve presque tout à l'état d'ammoniaque ou d'acide nitrique et peut être absorbé directement par les racines des plantes. En sorte que c'est surtout avec cet engrais qu'on peut dire qu'un kilog. d'azote produit un hectolitre de blé.

Des expériences ont été faites en Angleterre et en France sur l'efficacité respective du fumier solide et du fumier liquide ; elles confirment les déductions tirées de l'analyse chimique. En Angleterre, M. Barber ayant fumé deux parties de pré, l'une avec de l'engrais solide, l'autre avec la même dose d'engrais réduit à l'état liquide, recueillit cinq fois plus de foin sous l'influence de ce dernier. Dans le Waesland on obtient avec 60,000 kilog. de purin le même produit (seigle et pommes de terre) qu'avec 60,000 kilog. de fumier ; cependant le premier engrais n'apporte dans le sol que 90 kilog. d'azote, tandis que le second en apporte plus de 300. En France, M. Moll a obtenu des succès égaux, dans la culture de la betterave, de 5,600 kilog. de fumier, dosant 22 kilog. d'azote et 2,100 kilog. d'excréments humains, étendus de dix fois leur poids d'eau, et dosant seulement 9 kilog. d'azote.

Puisque nous avons été conduit à parler de l'engrais humain, nous ne pouvons passer outre sans faire ressortir le préjudice que se causent nos paysans par la répugnance qu'ils éprouvent à recueillir et utiliser cet engrais précieux.

Supposons que la ferme déjà citée soit habitée par cinq personnes : deux hommes, une femme, deux enfants. D'après les calculs de Volff et Lehmann, ces cinq personnes doivent produire journellement environ 6 kilog. de déjections solides et liquides, soit par an, 2,190 kilog. En admettant qu'un quart de cet engrais soit forcément perdu aux champs, il reste à peu près 1,600 kilog., qui, recueillis en fosse d'aisances, auraient fourni 5 kilog. 6 d'azote, 4 kilog. 48 d'acide phosphorique et 3 kilog. 2 de potasse ; c'est-à-dire *de quoi produire au moins cinq hectolitres de blé.*

En résumé, dans la ferme que nous avons prise pour exemple on ne fait rien pour empêcher l'évaporation de l'ammoniaque des fumiers ; on ne recueille ni le purin ni l'engrais fécal. Du premier chef on perd un cinquième de l'azote total ; les 58,000 kilog. de fumier dosant 261 kilog. d'azote, la perte est de 52 kilog. Nous avons vu que le purin entraîne avec lui 43 kilog. d'azote, 3 kilog. d'acide phosphorique, 142 kilog. de potasse. Avec l'engrais fécal on perd 6 kilog. d'azote, 4 kilog. d'acide phosphorique. 3 kilog. de potasse. En ajoutant ces nombres on trouve en définitive *que la perte totale s'élève à 101 kilog. d'azote, 7 kilog. d'acide phosphorique, 145 kilog. de potasse.*

Il est vrai, comme on peut le remarquer, que la perte en acide phosphorique n'est pas en rapport avec celle des autres substances. Aussi, en réalité, après avoir évité toutes ces pertes, pour tirer tout profit du fumier, pour en faire un engrais véritablement complet, il aurait fallu lui ajouter environ 90 kilog. d'acide phosphorique. Cette substance se vendant dans le commerce (superphosphate de chaux) à raison de 1 fr. 10 le kilog., la dépense se serait élevée à 100 fr.

Conclusion : en manipulant convenablement ses fumiers, de façon à empêcher l'évaporation des gaz utiles, en recueillant le purin et l'engrais fécal, le maître de la ferme en question aurait pu, avec une dépense insignifiante de 100 fr., avoir à sa disposition un supplément de matières fertilisantes susceptible de faire produire à ses terres soit 100 hectolitres de blé, soit 60,000 kilog. de pommes de terres de plus qu'elles ne produisent.

On nous objectera, sans doute, qu'en agriculture les calculs ne peuvent rien avoir d'absolu et que souvent les prévisions de la théorie se trouvent déçues par la pratique. Eh bien ! faisons une large part aux éventualités, aux déceptions, et admettons que la moitié des matières fertilisantes soit employée en pure perte ; il n'en restera pas moins un surcroît de production de *50 hectolitres de blé* ou de *30,000 kilog. de pommes de terre*, ce qui vaut la peine d'être pris en considération.

QUATRIÈME CAUSERIE

(31 juillet 1879).

Comment on peut, dans la fabrication du fumier, éviter les pertes en gaz et en purin.

La première condition pour fabriquer le bon fumier est de bien nourrir les animaux et de les pourvoir d'une abondante litière ; on obtient ainsi la qualité et la quantité. Ceci est tellemen évident qu'il est inutile d'y insister. Nous nous bornerons à conseiller aux agriculteurs qui n'ont pas assez de litière à leur disposition de la remplacer sous leurs animaux par de l'argile ou de la terre forte, *calcinées*.

Ce n'est point là du reste la question que nous nous proposons de traiter. Après avoir démontré les pertes énormes occasionnées par la fabrication vicieuse du fumier, il nous reste à indiquer les moyens les plus simples et les moins coûteux d'éviter ces pertes. Nous ne parlerons pas des excellentes méthodes usitées dans certains pays : Flandre, Suisse, parce que ces méthodes nécessitent des frais d'installation considérables. Nous devons chercher des procédés tels, que le cultivateur puisse les appliquer presque sans bourse délier, rien qu'avec un peu de soin et de travail.

On peut rendre insignifiante la perte résultant de l'évaporation de l'ammoniaque : 1° en ombrageant le tas de fumier ; 2° en le tassant fortement ; 3° en le stratifiant avec de la chaux éteinte ou simplement avec de la terre argileuse ; 4° en l'arrosant pendant l'été.

Tout le monde sait que la chaleur active la fermentation et l'évaporation. En établissant le tas de fumier sous un toit ou à l'ombre de quelques arbres feuillus, on ralentit donc la fermentation et l'évaporation.

Chaque fois que l'on sort le fumier des étables on doit le porter immédiatement sur le tas et le disposer par couches régulières de 50 centimètres d'épaisseur, qu'on tasse fortement avec les pieds ; quelques agriculteurs les font même piétiner par les animaux. Le fumier, ainsi pressé, forme une masse compacte, qui conserve mieux son humidité, offre moins de pénétration à l'air et fermente moins vite.

Sur chaque couche de fumier il est bon de répandre une légère couche de chaux éteinte ou, à défaut, une couche de terre forte. Ces matière arrêtent et fixent les gaz.

Quelques auteurs ont conseillé d'employer à cet effet le plâtre on une dissolution de vitriol. En présence de ces deux substances le carbonate d'ammoniaque se transforme en sulfate d'ammoniaque, sel fixe avec lequel l'évaporation n'est plus à craindre. Mais ce procédé est condamné par la plupart des agronomes ; on a reconnu en effet, d'abord que, le sulfate se réduisant sous l'influence des matières organiques, après peu de temps, l'ammoniaque est revenu à son état primitif; ensuite que le sulfate d'ammoniaque, étant un sel neutre, ne favorise nullement la décomposition des litières.

Le dégagement des gaz ammoniacaux se produit surtout pendant la sécheresse de l'été ; il est alors très utile d'arroser de temps à autre le tas de fumier, soit avec du purin, soit avec de l'eau. On augmente ainsi le tassement, on diminue la chaleur et on ralentit la fermentation.

Rien n'est plus facile que d'éviter la perte du purin ou jus de fumier.

Dans chaque écurie ou étable, on fait paver le sol, avec une légère pente et une rigole au pied de la pente. Cette rigole conduit les urines, soit directement dans la fosse à purin, soit dans une barrique défoncée, qu'on enterre dans un coin de l'écurie et que l'on tient de vider dans la fosse à purin.

Au lieu de déposer le fumier au premier endroit venu, on construit le tas sur une place déterminée, à l'ombre comme il a été dit, sur un sol à peu près plan, pavé ou fortement damé, non dans une fosse ou un trou, mais au contraire sur une plate-forme entourée de rigoles, destinées à recueillir les écoulements et à les conduire dans une fosse ou réservoir à purin, qu'on creuse un peu en contre-bas de la plate-forme.

La fosse à purin, également destinée à la fabrication des compost, doit avoir une capacité égale à la moitié environ du volume du tas de fumier qu'on peut fabriquer. Si par exemple on fabrique un tas de 50 mètres cubes, le fossé devra contenir environ 250 hectolitres, c'est-à-dire avoir 5 mètres de côté sur 1 mètre de profondeur. Il est bon que le fond et les parois soient maçonnés et cimentés, ou tout au moins lutés avec de la terre glaise. Dans un des angles on établit avec quelques planches des lieux d'aisances pour les gens de l'exploitation, de manière à ce que les déjections humaines tombent dans la fosse et se mêlent au purin.

On doit pouvoir amener l'eau d'un ruisseau ou d'un réservoir dans la fosse à purin. Pendant les fortes chaleurs de l'été, on augmente ainsi la quantité de purin, et on peut arroser le tas, soit avec une petite pompe, soit avec une écope. Ces arrosages sont de la plus grande importance : ils ralentissent la fermentation et l'évaporation, ils empêchent le fumier de moisir, et ils facilitent la décomposition des litières.

Pendant l'automne, en hiver et au printemps, le fumier bien tassé conserve généralement assez d'humidité, et des arrosages trop fréquents le délaveraient et lui seraient plus nuisibles qu'utiles. On peut utiliser le purin soit en le répandant, mitigé d'eau, sur les prairies, avec un tonneau *ad hoc*, soit en fabricant du *compost*.

Pour faire un compost, on jette dans la fosse à purin les détritus du ménage, balayures, chiffons, etc., toutes matières végétales ou animales fermentescibles qu'on peut se procurer : feuilles sèches, buis, genêts, déchets de laines, et sur le tout on répand de la terre, jusqu'à ce que le liquide soit complétement absorbé. La fosse étant pleine, on la vide, et du contenu on forme un tas régulier sur le bord de la fosse, de manière à ce que les écoulements s'y rendent; puis on recommence à la remplir. Ces tas de composts, arrosés de temps à autre, fournissent, après un an de fermentation, un excellent engrais, valant presque autant que le fumier, surtout si on a eu la précaution d'y mêler un peu de superphosphate de chaux ; et on a ainsi *doublé*, sinon *triplé* la quantité d'engrais dont on peut disposer.

Tout ce qui précède est bien simple ; il n'y a pas un cultivateur qui ne puisse le faire ; de l'intelligence et de l'activité, voilà tout ce qu'il lui faut pour suivre nos conseils à la lettre, et y trouver une source nouvelle de revenu.

Bien d'autres, avant nous, ont signalé l'importance de la fabrication des fumiers et tâché de la faire comprendre aux cultivateurs. Presque toujours, ils ont pour ainsi dire prêché dans le désert, et leurs recommandations n'ont profité qu'à un petit nombre restreint d'agriculteurs éclairés. Serons-nous plus heureux? Nos modestes démonstrations persuaderont-elles quelques-uns de nos lecteurs? Nous le souhaitons ardemment, surtout dans un moment où l'agriculture, assaillie par des revers sans nombre, a besoin de toutes ses forces, de tous ses moyens, pour ne pas succomber.

CINQUIÈME CAUSERIE

(4 septembre 1879.)

Le fumier de mouton. — Valeur comparative et destination des principales sortes de fumiers. — Quelques règles à suivre dans leur emploi.

Dans nos précédentes causeries, nous n'avons pas fait mention du fumier de mouton, parce que ce fumier est convenablement traité par la plupart des cultivateurs. Répandre de temps à autre de la terre de bonne qualité dans l'étable afin d'absorber les urines et d'arrêter en partie l'évaporation ammoniacale, c'est là ce qu'on fait dans presque toutes les fermes, et c'est là ce qu'on peut faire de mieux. Non-seulement la terre est un excellent absorbant et un puissant agent de fixation, mais elle est en outre plus favorable que les litières à l'hygiène et à la santé des bêtes ovines ; c'est du moins ce que paraît indiquer l'instinct de ces animaux : si, dans une bergerie, on répand de la litière d'un côté, de la terre de l'autre, les moutons iront toujours de préférence se coucher sur la terre.

Personne n'ignore que les fumiers produits par les différents animaux domestiques n'ont pas tous la même valeur. Les déjections du mouton dosent, d'après M. Boussingault, 0,91 p. 100 d'azote et 0,43 p. 100 d'acide phosphorique ; celles du cheval 0,74 p. 100 d'azote et 0,16 p. 100 d'acide phosphorique ; celles de la vache 0,41 p. 100 d'azote et 0,9 p. 100 d'acide phosphorique ; celles du porc 0,37 p. 100 d'azote et 0,21 p. 100 d'acide phosphorique.

Les fumiers de mouton et de cheval, les plus azotés et les plus chauds, paraissent, le premier surtout, convenir spécialement aux terres argileuses et froides. Les fumiers de vache et de porc ont au contraire leur place marquée dans les terres sablonneuses et sèches. Il va sans dire que la quantité à employer de chacun de ces fumiers varie suivant sa richesse.

Si, dans une exploitation nourrissant un certain nombre d'animaux domestiques, il se trouve des terres de différentes natures, on fera bien de séparer les divers fumiers et de les utiliser dans les sols auxquels ils conviennent le mieux. Presque toujours, dans une ferme de moyenne importance, on mêle, en construisant le tas, les fumiers de cheval, vache et porcs ; le fumier de mouton seul reste séparé dans les bergeries. Dans ce cas, on pourra employer de préférence le fumier de mouton dans les terres fortes et le fumier du tas dans les terrains légers ou de moyenne consistance.

Lorsque, ce qui est fort rare, l'exploitation ne comprend que des terres de même nature, il est avantageux de mélanger, en les employant, le fumier de mouton avec les autres fumiers.

Un tas de fumier bien préparé présente lui-même

plusieurs qualités de fumier. A la surface se trouve du fumier long et pailleux, dans lequel la fermentation commence à peine ; vers le milieu de la hauteur on rencontre un fumier brun à moitié décomposé ; enfin, vers le fond, le fumier se présente sous l'aspect d'une masse compacte, onctueuse et noirâtre, que les cultivateurs désignent sous le nom de *beurre noir*. Il est généralement admis que les couches supérieuses doivent être utilisées de préférence dans les terres argileuses et pour les plantes à longue végétation, tandis que les couches inférieures doivent être réservées pour les terres légères et pour les plantes qui végètent rapidement. Lorsque le tas entier doit être utilisé dans le même terrain et sur la même culture, il faut avoir la précaution, lorsqu'on le transporte, de le piocher par couches verticales, de manière à ce que le dessus et le fond se mêlent parfaitement et forment un tout homogène.

Il nous reste à dire un mot sur la manière d'étendre et d'enterrer le fumier, et à signaler les inconvénients de la méthode usitée presque partout dans notre pays. La plupart des cultivateurs forment sur le terrain de petits tas de fumier irrégulièrement espacés, puis les laissent là indéfiniment sans les étendre ; quelquefois même ils étendent le fumier, puis l'abandonnent des semaines, des mois avant de l'enfouir. Qu'arrive-t-il ? Dans le premier cas, le purin des tas s'écoule dans le sol, et on a de loin en loin de petites plaques surabondamment fumées, tandis que le reste du champ ne reçoit qu'un engrais délavé, dépouillé de la moitié de sa valeur. L'aspect d'un champ de blé ainsi traité est saisissant : la place des tas est marquée par une végétation luxuriante, dépassant de plusieurs décimètres les plantes voisines ; on dirait un tapis de velours vert clair, moucheté de vert foncé. Il n'est assurément aucun de nos lecteurs qui ne se soit trouvé plusieurs fois dans le cas de remarquer ce que nous avançons.

Si on a laissé le fumier longtemps étendu avant de l'enterrer, c'est encore bien pire. L'ammoniaque s'évapore, les pluies entraînent les matières sucrées et gommeuses, le fumier ne fermente plus que difficilement dans le sol, il a perdu les trois quarts de sa valeur et son effet devient presque insensible.

On évite ces divers inconvénients en étendant et en enfouissant le fumier aussitôt qu'on l'a transporté sur le terrain. Voici le procédé que nous avons souvent suivi et dont nous n'avons qu'à nous louer. Au lieu de disposer le fumier en petits tas, on l'étend immédiatement du tombereau sur le sol. Dès qu'une planche est ainsi fumée, on la laboure. On fume et on laboure de cette manière planche par planche. C'est peut-être un peu plus long que la méthode ordinaire, mais la perte de temps est amplement compensée par les résultats.

Il y aurait encore bien des choses à dire sur la profondeur à laquelle il convient d'enfouir le fumier, sur la quantité à en répandre, sur le moment le plus opportun pour pratiquer les fumures. Il y a déjà si longtemps que nous entretenons les lecteurs du *Courrier* sur un sujet peu attrayant, quoique fort utile, que nous craignons de les fatiguer, et que nous croyons devoir nous arrêter, renvoyant les personnes que ces questions pourraient intéresser à ce qu'ont écrit sur elles les princes de la science agronomique, Mathieu de Dombasle, Thaer, de Gasparin, Boussingault, etc.

SIXIÈME CAUSERIE

(2 octobre 1879).

Les merveilles de l'Industrie agricole au XIXe siècle. — Dans quelle mesure notre pays pourrait en bénéficier.

Les progrès accomplis dans les sciences expérimentales, au XIXe siècle, ont bouleversé, on peut le dire sans exagération, la face de notre globe. Les applications de ces deux admirables découvertes, la vapeur et l'électricité, ont opéré une véritable révolution dans les relations commerciales et autres entre les peuples, entre les provinces, entre les individus. La physique, la chimie, la mécanique se sont donné la main pour transformer, pour régénérer toutes les industries.

Dans ce mouvement universel, l'industrie agricole n'est pas restée en arrière et n'a pas été la moins bien partagée. Si les agronomes célèbres de la fin du XVIIIe siècle, les Franklin, les Parmentier ; à plus forte raison, si leurs devanciers, les Palissy, les De Serres, pouvaient revenir à la vie et voir ce qui se passe de nos jours dans les grandes exploitations des Etats Unis, de l'Angleterre et du nord de la France, quels ne seraient pas leur étonnement et leur admiration !

Pour nous rendre compte des progrès accomplis depuis un demi-siècle, transportons-nous par la pensée dans une de ces grandes exploitations, et examinons comment s'y exécutent les différents travaux de l'année.

Commençons par les labours. — Pour traîner la charrue, plus de chevaux, plus de bœufs! mais bien une ou deux locomobiles routières, faisant fonctionner au moyen d'un câble et d'un treuil, soit une charrue polyssoc qui ouvre six ou sept sillons à la fois, soit une foule d'instruments : herses, rouleaux, scarificateurs, houes, défonceuses, etc., etc., qui de leurs dents d'acier fouillent, broient, pulvérisent le sol. Des champs immenses sont ainsi retournés, ameublis en quelques jours, en quelques heures. Le travail marche dix fois plus vite ; il est plus régulier et meilleur, parce que le terrain n'est pas piétiné ; et la dépense est considérablement diminuée.

Le moment est venu de répandre et d'enfouir les engrais Ici la chimie joue un rôle prépondérant. Remédiant à l'insuffisance des engrais naturels, elle a déterminé quels sont les principes constitutifs des plantes, quels sont ceux de ces principes devant êtres restitués aux terrains ; et, condensant ces substances sous un volume restreint, elle a fabriqué et livré à l'agriculture ces merveilleux engrais chimiques, qui, répandus sur le sol *comme du poivre sur la soupe*, pour nous servir de l'expression d'un de nos paysans, produisent le même effet que vingt fois plus de fumier. Des instruments spéciaux permettent, du reste, de répartir dans le sol de ces engrais pulvérulents, très rapidement et avec une parfaite uniformité.

Nous voici arrivés aux semailles. Au moyen de ces admirables semoirs mécaniques que fabriquent aujourd'hui tous les grands constructeurs, la semence est déposée dans la terre et recouverte en lignes parallèles, dont l'écartement et la profondeur se règlent à volonté. Il y a économie de temps, économie de semence, et la récolte est plus belle, parce que les plantes, régulièrement espacées, tallent davantage et acquièrent tout leur développement.

Mais voici l'hiver : les travaux des champs se trouvent interrompus ; c'est le cas de jeter un coup d'œil sur les bâtiments d'exploitation, les animaux et les instruments d'intérieur. Ici encore que de progrès réalisés depuis 50 ans ! Que de choses à admirer ! Partout l'économie et la simplicité, alliées à la propreté et au confortable ! Ici, ce sont les étables dans lesquelles l'air et l'eau circulent à volonté, et dont le sol dallé se lave chaque matin ; là, c'est la disposition intelligente de la fosse à fumier et de la citerne à purin ; plus loin, ce sont les silos contenant le maïs et les autres fourrages verts, hachés, pressés, prêts à être distribués dans les mangeoires au moyen de wagonnets roulant sur des rails.

Les animaux, perfectionnés par la sélection et le croisement, présentent au plus haut degré les aptitudes et les qualités propres à leur destination Ici, ce sont des chevaux de gros trait, au corps trappu, à la puissante encolure, à la croupe double, aux membres épais et musculeux ; là, des bœufs d'engrais de race précoce, affectant la forme des tonneaux et pesant 1,000 kilogrammes ; là, des vaches laitières au large écusson, au pis plantureux, donnant trente litres de lait par jour ; là, des porcs gras, véritables boules de lard, laissant à peine apercevoir les extrémités des membres et du groin ; là encore, des moutons réunissant la précocité à la grande production de viande, la finesse et le tassé de la toison, etc.

Que dire de l'outillage ? Hache-pailles, concasseurs, laveurs de racines, dépulpeurs, coupe-racines, chaudières, etc., tous ces instruments, hachant menu, aplatissant, concassant, triturant, cuisant à la vapeur les substances alimentaires, ainsi rendues plus nutritives, sont de précieux auxiliaires, économisant les frais de main d'œuvre et d'alimentation.

Et maintenant, l'hiver a passé ; sous les chaudes et vivifiantes caresses du soleil, la végétation s'est réveillée ; le printemps diapre de fleurs les champs et les prés ; le moment de la fenaison est venu. En avant les faucheuses, qui, avec un homme et deux chevaux, font le travail de douze bons faucheurs ! En avant les faneuses, qui retournent et secouent le foin bien mieux que ne saurait le faire la main de l'homme ! Et les râteaux à cheval, qui le ramassent en énormes andains ! Et les chargeurs automatiques qui le montent sur les chariots ! Et les presses, qui, réduisant son volume des trois quarts, facilitent son transport, son emmagasinage et sa conservation.

D'autres travaux nous réclament bientôt. Les champs, d'abord verdoyants, prennent une teinte dorée ; le blé est mûr. Il est temps de sortir de sa remise la moissonneuse-lieuse, qui, avec deux hommes et deux chevaux, moissonnera trois hectares par jour, faisant les javelles, liant les gerbes et remplaçant avantageusement vingt moissonneurs et dix lieurs.

Après la moisson, les foulaisons. Ici la vapeur reprend son rôle. La locomotive, remorquant une batteuse à grand travail, se transporte successivement auprès de chacune des grandes meules construites dans les champs ; la vapeur siffle, la machine gronde, les gerbes, déliées, sont saisies par l'engreneur automatique et disparaissent dans le gouffre ; le grain, battu, ventilé, nettoyé, coule dans les sacs, prêt à être porté au moulin ; tandis que dans d'autres sacs tombent séparément le petit grain, les graines étrangères et les balles ; tandis que la paille, saisie par une lieuse mécanique, est bottelée à sa sortie, chargée sur les chariots et engrangée.

L'électricité commence elle-même à trouver son application dans les travaux agricoles. Ce sont d'abord les phares à lumière électrique d'Albaret, permettant de poursuivre pendant la nuit certains travaux pressants, tels que la fenaison, la moisson, les foulaisons. C'est ensuite l'admirable et toute récente invention d'un ingénieur de Paris, M. Chrétien, et d'un industriel de la Marne, M. Félix, à Sermaise. Utilisant le fluide électrique, non comme moteur, mais comme transmetteur du mouvement, ils sont parvenus au moyen de plusieurs machines Gramme, reliées par des fils et ingénieusement disposées sur des chariots en fonte, à faire mouvoir une charrue bi-soc, à 500 mètres de la force motrice, avec une vitesse de 80 mètres par minute. Avec des perfectionnements, et si le prix des appareils n'est pas exagéré, cette invention doit amener une révolution dans la culture. Ainsi par exemple, avec une chute d'eau et une roue hydraulique, on pourra labourer les terrains environnants dans un rayon de 500 mètres, c'est-à-dire une surface d'environ 80 hectares !

Et maintenant que nous avons rapidement passé en revue les principales merveilles de l'industrie agricole moderne, il nous reste, à nous, montagnards, enfants des Alpes, à voir dans quelle mesure notre cher pays pourrait bénéficier de ces magnifiques inventions. C'est là ce qui fera le sujet de notre prochaine causerie.

SEPTIÈME CAUSERIE

(25 octobre 1879).

Les merveilles de l'Industrie agricole au XIXe siècle. — Dans quelle mesure notre pays pourrait en bénéficier.

Les perfectionnements apportés de nos jours dans l'industrie agricole peuvent se classer en trois groupes : 1° les animaux ; 2° les engrais ; 3° les machines et instruments.

Animaux. — Personne n'ignore combien gagne l'agriculture à l'amélioration des races d'animaux. C'est une vérité tellement incontestable, tellement incontestée, qu'au lieu de perdre notre temps à la démontrer, nous préférons dire immédiatement quelques mots sur son application dans notre pays.

Regrettons tout d'abord que l'élève des chevaux et mulets, qui constituait autrefois une industrie importante dans certaines parties du département, tende tous les jours à se restreindre et à disparaître. Le temps n'est peut-être pas éloigné où l'on sera obligé d'y revenir. Si, comme cela est à craindre, l'Amérique et la Russie jettent sur nos marchés de grandes quantités de viandes et de fromages à bas prix, nos cultivateurs, pour qui la concurrence est impossible, se rejetteront naturellement sur la production chevaline et mulassière, et cela, nous en avons la conviction, pour leur plus grand avantage particulier, aussi bien que pour l'avantage de notre agriculture en général.

L'amélioration de la race bovine chez nous est tout indiquée. Nous ne pouvons, sous notre climat et avec nos pâturages, prétendre aux grandes races de l'Ouest. Ce qu'il nous faut, c'est une race petite, rustique, sobre, robuste, fournissant à la fois, autant que faire se peut, du lait, de la viande et du travail. La race tarentaise pure, dont nous avons eu déjà l'occasion de parler, réunit à peu près ces conditions et paraît nous convenir en tous points. Des expériences ont déjà été tentées ; la voie est tracée, il n'y a qu'à la suivre.

Si nos moutons laissent peu à désirer sous le rapport de la qualité de la viande, leur laine manque de finesse et de tassé. Nous pourrions atténuer ce défaut en versant dans nos troupeaux un peu de sang mérinos L'opération est des plus simples, et déjà bien des cultivateurs la pratiquent ; il suffit de prendre nos béliers dans les troupeaux de transhumance métis-mérinos qui viennent estiver sur nos montagnes.

L'amélioration de la race porcine, par l'introduction des porcs anglais de races précoces, présente plus de difficulté. D'un côté, les consommateurs prétendent avec raison que la chair des porcs de pays est plus savoureuse ; d'un autre côté, les cultivateurs trouvent la race commune plus rustique, moins difficile sur la qualité de la nourriture, plus apte au pacage. Tout cela est incontestable. Mais, si l'on compare la quantité de viande et de lard produite par un porc de pays et par un porc anglais, soumis tous deux au même régime pendant au laps de temps déterminé, il ressort clairement que les races anglaises seules pourraient nous permettre de produire à bas prix le lard et la viande, et de lutter avec la concurrence étrangère.

Engrais. — Il n'y a pas longtemps, dans ces colonnes, nous avons démontré comment nos cultivateurs pourraient singulièrement accroître le revenu de leurs terres, en augmentant la production des fumiers, en perfectionnant leur fabrication et leur emploi. Malgré les critiques peu fondées auxquelles nos recommandations ont donné lieu, nous espérons que beaucoup de nos lecteurs auront saisi la portée de nos conseils, *conseils qu'on peut suivre dans la majorité des cas*, et non dans des conditions toutes spéciales, comme tendrait à le faire croire le dernier article de notre honorable contradicteur. Nous serions heureux d'avoir fait faire un pas à une question si importante

Malheureusement, bien des exploitations se trouvent dans une situation telle qu'il leur est impossible de créer une quantité de fumier suffisante. Manquant d'eau et par suite de fourrages, elles ne peuvent nourrir qu'un nombre très restreint d'animaux, et leurs champs restent maigres et peu productifs, faute de l'engrais nécessaire.

A cet état de choses on peut remédier par l'emploi des engrais du commerce : tourteaux de graines oléagineuses, guanos, engrais chimiques.

Beaucoup de cultivateurs du département emploient avec avantage les tourteaux de sésame. Nous nous bornerons à les mettre en garde contre l'emploi exclusif et prolongé de cet engrais. L'expérience a démontré que, si l'on en fait abus, après un certain nombre d'années il cesse de produire son effet. La chimie explique ce fait. Les tourteaux de sésame, très riches en azote, contiennent peu d'acide phosphorique (azote 5,57 %; acide phosphorique 1,50 %). Les plantes puisant ces principes dans le sol en proportions bien différentes, l'équilibre n'existe pas entre l'absorption et la restitution; les premières années tout marche bien, parce que le terrain fournit aux végétaux l'acide phosphorique qu'il tient naturellement en réserve; mais, après un certain nombre de récoltes, cette réserve étant épuisée et les tourteaux n'apportant qu'un maigre appoint d'acide phosphorique, il arrive que les plantes restent chétives, malgré l'azote surabondant qu'on leur fournit et qu'elles ne peuvent absorber. Quelques rares terrains supportent pendant longtemps l'emploi exclusif et répété des tourteaux; ce sont ceux naturellement très riches en acide phosphorique; mais dans la plupart des sols les choses se passent comme nous venons de le dire.

On peut toutefois prévenir l'épuisement du sol par les tourteaux, en alternant leur emploi avec celui du fumier, ou encore en leur ajoutant une certaine proportion de phosphate ou de superphosphate de chaux.

Les guanos constituent également un excellent engrais. Nous conseillons d'employer, à l'exclusion de tout autre, le guano du Pérou *dissous* de la maison Dreyfus ou de la maison Pilter Il est un peu plus cher que le guano naturel, mais son effet est autrement remarquable.

Les engrais chimiques (système Georges Ville) sont encore à peu près inconnus dans notre département; ils méritent cependant d'être conseillés. Pendant trois années consécutives, de 1872 à 1875, dans un champ d'expérience de la ferme-école, nous avons expérimenté ces engrais concurremment avec le fumier de ferme, le guano du Pérou, et les tourteaux de sésame blanc; inférieurs au fumier, ils se sont constamment montrés supérieurs aux autres engrais. Appliqués en grand sur du blé et de l'orge, ils nous ont donné d'excellents résultats. Voici la composition de l'engrais à laquelle nous nous sommes définitivement arrêté, après plusieurs années d'expérience et de tâtonnements : par hectare, 100 kil. de sulfate d'ammoniaque, 150 kil. de superphosphate de chaux, 50 kil. de chlorure de potassium, 200 kil. de plâtre. Le mélange doit être aussi parfait que possible. Cet engrais, répandu en février sur les jeunes blés, et enterré par un léger coup de herse, produit, à dépense égale, plus d'effet que le guano ou les tourteaux.

Plusieurs industriels vendent l'engrais Ville tout préparé ; ils fabriquent plusieurs mélanges appropriés aux diverses cultures et aux divers terrains. En achetant ces engrais tout préparés, on évite les ennuis et les frais du mélange, mais on est moins sûr de ce que l'on fait.

Le commerce livre encore à l'agriculture une foule d'engrais : phospho-guanos, superphosphates azotés, poudrettes, etc. Dans le nombre beaucoup sont recommandables, beaucoup ne le sont nullement. Il est prudent, lorsqu'on achète un engrais du commerce, de ne s'adresser qu'à une grande maison, connue pour sa probité, et présentant de sérieuses garanties. Il est encore prudent d'exiger du vendeur qu'il garantisse le dosage de son engrais en azote et en acide phosphorique, et qu'il le livre en sacs plombés portant la marque de fabrique.

HUITIÈME CAUSERIE

(6 novembre 1879).

Les merveilles de l'Industrie agricole au XIXe siècle. — Dans quelle mesure notre pays pourrait en bénéficier.

INSTRUMENTS ET MACHINES. — Serait-il *possible* et *avantageux* de vulgariser dans nos montagnes l'emploi des instruments de culture perfectionnés? Nous n'avons pas la prétention de trancher péremptoirement une question aussi délicate et aussi complexe. Nous nous bornerons à exposer quelques réflexions sur ce sujet.

La *possibilité* est subordonnée à deux considérations : 1° le prix des instruments ; 2° la configuration du terrain.

Le prix généralement élevé des instruments perfectionnés paraît de prime abord devoir restreindre leur emploi à la grande culture. S'il n'existait aucun moyen de tourner la difficulté, nous nous trouverions arrêtés au premier pas, et il serait inutile d'aller plus loin, puisque dans nos Alpes le sol appartient presque exclusivement à la moyenne et à la petite culture.

Mais l'obstacle peut disparaître en face de cette admirable puissance qu'on nomme l'*Association*.

Ne voyons-nous pas tous les jours de petits cultivateurs, ne possédant chacun qu'une seule bête de trait, s'associer deux, trois ou quatre, pour labourer leurs terres en commun? Pourquoi, ce qu'ils font pour les labours, ne le feraient-ils pas pour l'acquisition et l'emploi des instruments perfectionnés?

Un exemple fera comprendre tous les avantages qu'ils retireraient de cette manière de procéder.

La moisson à la faucille coûte ordinairement, à l'hectare, environ 40 fr., salaire et nourriture compris.

Si un cultivateur, ayant six hectares à moissonner annuellement, voulait employer à ce travail une moissonneuse-lieuse, coûtant 2,000 fr et abattant environ trois hectares par jour, le compte de sa moisson s'établirait à peu près de la manière suivante :

Intérêts et amortissement du capital au 10 p. %.	200 fr.
Réparations, huile, fil de fer (pour 2 jours de marche)	50 »
8 journées de cheval (en relayant), à 5 fr. l'une	40 »
8 journées d'homme pour conduire l'attelage et ramasser les gerbes, à 4 fr. l'une	32 »
Total	322 fr.

Soit par hectare : 322 : 6 = 53 fr. 65, c'est-à-dire 13 fr. 65 de plus que dans la moisson à la faucille.

Mais si nous supposons que cinq cultivateurs, ayant chacun environ 6 hectares à moisonner, s'associent pour acheter et employer en commun l'instrument précité, le capital déboursé par chacun d'eux n'est plus que de 400 fr., et les frais de moisson deviennent :

Intérêts et amortissement au 10 p. %.	40 fr.
Réparations, huile, fil de fer	50 »
8 journées de cheval	40 »
8 journées d'homme.	32 »
Total	162 fr.

Soit par hectare 162 : 6 = 27 fr., c'est-à-dire 13 fr. de moins que dans la moisson à la faucille. Chaque cultivateur dans ce cas économise par an 78 fr. sur sa moisson, et au bout de cinq ans il a à peu près récupéré le capital déboursé par lui.

On pourrait, par des exemples analogues, démontrer que l'association rendrait possible et pécuniairement avantageux l'emploi des autres instruments : faucheuses, faneuses, râteleuses, batteuses, etc.

Des entrepreneurs de travaux agricoles pourraient également louer ces divers instruments au public, ou prendre les travaux à forfait. Mais dans ce cas l'avantage ne serait plus le même pour les cultivateurs, puisqu'aux frais généraux viendrait naturellement s'ajouter le bénéfice prélevé par les entrepreneurs.

On peut donc conclure que le prix des instruments et machines ne rend pas impossible leur emploi dans la moyenne et petite culture.

La configuration et les accidents du terrain dans nos montagnes présentent des obstacles plus sérieux.

On peut, sous ce rapport, classer les instruments et machines en deux catégories : 1° ceux dont l'usage serait possible *presque partout;* 2° ceux dont l'emploi est subordonné à des conditions spéciales.

La première catégorie comprend : les batteuses à manége ou à vapeur ; les instruments d'intérieur : hache-pailles, coupe-racines, dépulpeurs, etc. Nous n'avons pas à faire ressortir ici les avantages des machines à battre ; leur usage se généralise de plus en plus, et le jour viendra où nos cultivateurs comprendront la précieuse économie de temps et d'argent qu'elles permettent de réaliser. Quant aux instruments d'intérieur, hache-pailles coupe-racines, etc., tous les agriculteurs s'adonnant à l'élève et à l'engraissement du bétail devraient en être munis. Le capital employé à leur acquisition se trouve remboursé au bout de très peu de temps, par suite de l'éonomie qu'ils apportent dans la préparation des aliments et de la meilleure utilisation de la nourriture.

Dans cette catégorie nous rangerons encore : les

charrues défonceuses et fouilleuses, les buttoirs, les houes à cheval, les herses articulées en fer, les scarificateurs, les rouleaux brise-mottes, les râteaux à cheval. Ces divers instruments peuvent fonctionner dans la plupart des cas ; il est seulement nécessaire que le terrain ne présente pas une pente exagérée et des inégalités trop prononcées, et que le sol ait été purgé des plus grosses pierres.

La seconde catégorie comprend : les semoirs, les faucheuses, les faneuses, les moissonneuses, les charrues Brabant doubles, les charrues polyssoc, les appareils de labourage à la vapeur et à l'électricité. Tous ces instruments demandent, pour pouvoir fonctionner, outre les conditions précédemment énumérés, une surface plane, régulière et *dépourvue d'arbres*. Ces conditions peuvent se trouver quelquefois réunies ; cependant dans beaucoup de nos vallées les champs sont complantés d'arbres fruitiers, dont les produits constituent un revenu important du sol ; et nous ne croyons pas que les avantages qui résulteraient de l'emploi des instruments perfectionnés puissent compenser la perte de ce revenu.

Si, par le moyen des canaux d'arrosage, on pouvait créer des chutes d'eau artificielles, et disposer ainsi d'une force motrice peu coûteuse, il y aurait certainement beaucoup de cas où l'on pourrait employer avec profit le labourage à l'électricité. Nous avons déjà dit quelques mots sur cette admirable invention, qui vient de recevoir une application en grand dans la propriété de M. Menier, le célèbre chocolatier, à Noisiel (Seine-et-Marne).

Après avoir examiné la *possibilité*, il nous reste à parler des *avantages* des instruments perfectionnés dans nos Alpes.

Il y a deux manières d'envisager la question.

Si on se place au point de vue des intérêts particuliers, il est hors de doute que les cultivateurs, propriétaires ou fermiers, n'auraient qu'à gagner à l'emploi de ces instruments ; ils y trouveraient économie de temps, de main-d'œuvre et d'argent ; leur travail serait mieux fait et, chose importante en agriculture, plus rapidement exécuté.

Mais si on se place au point de vue de l'intérêt général du département, la question change de face.

Il ne faut pas oublier, en effet, que les instruments perfectionnés ont pour but et pour résultat de substituer le travail mécanique au travail de l'homme. Là où la culture du sol nécessite actuellement le concours de trois ou quatre ouvriers, il n'en faudrait plus qu'un, le jour où ces instruments seraient répandus. Eh! bien, que résulterait-il de cette révolution dans notre économie agricole? Serait-elle destinée à enrayer ou à accélérer l'émigration vers les grands centres ou à l'étranger de cette partie si intéressante de nos populations rurales, comprenant les prolétaires: domestiques, journaliers, tâcherons?... La réponse est malheureusement facile.

Il est vrai que le prix de revient des denrées alimentaires étant moins élevé, leur prix de vente baisserait en conséquence. La production à bon marché atténuerait-elle le dépeuplement du territoire?... L'étude d'une question aussi grave n'entre pas dans le cadre modeste que nous nous sommes tracé. Nous laissons à nos lecteurs le soin de l'approfondir.

www.ingramcontent.com/pod-product-compliance
Ingram Content Group UK Ltd.
Pitfield, Milton Keynes, MK11 3LW, UK
UKHW020442230726
13925UKWH00004B/1787

9 782013 245661